Bibliografische Information der Deutschen Nationalbibliothek:

Die Deutsche Bibliothek verzeichnet diese Publikation in der Deutschen Nationalbibliografie; detaillierte bibliografische Daten sind im Internet über http://dnb.d-nb.de/ abrufbar.

Impressum:

Druck und Bindung: Books on Demand GmbH, Norderstedt Germany
ISBN: 978-3-668-12076-1

Dieses Buch bei GRIN:

http://www.grin.com/de/e-book/171920/vulkanismus-und-der-ausbruch-des-yellowstone

Bastian Gniewosz

Vulkanismus und der Ausbruch des Yellowstone

Welche Folgen hätte der Ausbruch dieses Supervulkans?

GRIN Verlag

Inhaltsverzeichnis

1. Einleitung

Das Thema meiner Facharbeit lautet „Vulkanismus und der Ausbruch des Yellowstone – Welche Folgen hätte der Ausbruch dieses Supervulkans?“. Vulkane gehören zu den faszinierendsten Phänomenen unserer Erde. Seit Jahrtausenden ziehen sie die Menschen mit ihren sprühenden Funken und rotglühenden Lavaströmen in ihren Bann. Aus Interesse zu Vulkanen habe ich dieses Themenfeld aus dem geographischen Rahmenthema „Naturkatastrophen“ mit dem thematischen Schwerpunkt „Vulkanismus“ ausgewählt. Dank diverser, informativer Literatur, die sich mit dem Thema „Vulkanismus“ beschäftigt, konnte ich mir einen guten Überblick über diese Thematik verschaffen. Ich habe mich anschließend gefragt, welche Konsequenzen wohl der Ausbruch eines Supervulkans, zum Beispiel des Yellowstones im Yellowstone -Nationalpark, hätte und welche globalen Folgen er mit sich brächte? Gerade in der letzten Zeit gab es viele Artikel und Dokumentationen zu diesem Thema. Können Wissenschaftler überhaupt nach heutigen Erkenntnissen einen solchen Ausbruch präzise vorhersagen und Vorbereitungen dafür treffen? Inzwischen konnten viele Experimente und Computersimulationen durchgeführt werden, die alle gezeigt haben, dass der Ausbruch eines Supervulkans katastrophale Folgen für die Erde hat. Wissenschaftler haben bis zur heutigen Zeit viele Erkenntnisse im Umgang mit Ausbrüchen von Supervulkanen sammeln können, zum Beispiel durch den Ausbruch des Tambora im Jahre 1815 oder des Pinatubo 1991. So wie unsere eigene Erfahrung uns lehrt, dass der Apfel vom Baum auf den Boden fällt und nicht umgekehrt, so hat man gelernt, dass die Naturgewalten kleine bis enorm hohe Kräfte auf die Biosphäre ausüben können. Eine solche Erfahrung macht natürlich nicht jeder Mensch, aber der, der sie macht, der weiß, dass man die Naturgewalten nicht unterschätzen darf und dass man aus diesem Grund Vorkehrungen treffen muss, um das Ausmaß der Kräfte zu reduzieren beziehungsweise zu verhindern.

Meine Facharbeit beginnt mit einer ausführlichen Beschreibung des Erdinneren, denn hier liegt der Schlüssel des Vulkanismus. Ich möchte dies anhand des Schalenmodells der Erde erklären. Der Leser soll damit erste Informationen zu dem Themengebiet „Vulkanismus“ bekommen.

Im nächsten Punkt der Facharbeit – die Vorkommen der Vulkane – findet der Leser weitere Hinweise, denn ich werde beschreiben, an welchen Orten auf der Erde Vulkane vorkommen und warum sie gerade dort existieren und nicht woanders. Folglich werde ich hier auf die Plattentektonik verstärkt eingehen müssen, da die Vulkane größtenteils an den Plattenrändern vorkommen.

Des Weiteren gehe ich auf verschiedene Vulkantypen ein und liefere eine ausführliche Beschreibung über Schicht- und Schildvulkane, Maare sowie Calderen. Dabei setze ich mich mit ihren jeweiligen Erkennungsmerkmalen, Aufbau sowie Eigenschaften von Magma und Lava auseinander, denn jeder Vulkan hinterlässt seinen geologischen „Fingerabdruck“.

Der Hauptteil meiner Facharbeit beschäftigt sich zuerst mit dem Yellowstone- Nationalpark in den USA. Dazu gebe ich allgemeine Informationen, um einen ersten Einblick über die Vielschichtigkeit und Schönheit dieses Gebietes zu vermitteln.

Ich werde einen bestimmten Vulkan, einen „Supervulkan" vorstellen – und zwar den Yellowstone im Yellowstone-Nationalpark.
Dabei gehe ich näher auf die vulkanischen Aktivitäten im Nationalpark ein und beschäftige mich mit den vergangenen Ausbrüchen des Yellowstone sowie mit der Frage, ob und wann es einen nächsten Ausbruch geben könnte.
Als praktischen Teil meiner Facharbeit möchte ich mit Hilfe eines Fragebogens den Bekanntheitsgrad dieses Vulkans ermitteln und herausarbeiten, inwieweit die Bewohner des Landkreises Göttingen über einen möglichen Ausbruch informiert sind.
Als letzten Punkt meiner Facharbeit beantworte ich die Ausgangsfrage: Welche Folgen würde der Ausbruch dieses Supervulkans nicht nur für die USA, sondern auch global mit sich bringen?

2. Der Schalenaufbau der Erde und seismische Wellen

Um die Ursache des Vulkanismus zu ergründen, ist es wichtig, das Innere unseres Planeten zu untersuchen. Dank der Technologie der so genannten Wellenanalyse ist es heute möglich, ein genaueres Bild des Erdinneren zu erstellen.
Durch immer präzisere Messungen der Seismologen wurde das Schalenmodell der Erde ständig verfeinert.[1] Folgende Grobuntergliederungen lassen sich vornehmen: Erdkruste, Oberer Erdmantel, Übergangszone (Mesosphäre), Unterer Erdmantel, Äußerer Erdkern und Innerer Erdkern[2] (siehe Abbildung 1).

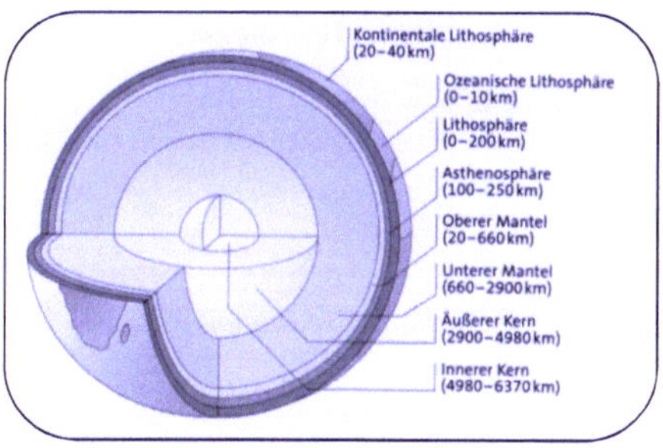

Abbildung 1

Die „Haut der Erde" beziehungsweise die Erdkruste ist recht dünn und besteht aus festem Gestein. Sie wird unterteilt in kontinentale Kruste und ozeanische Kruste. Anhand der Wellenanalyse ermittelten die Forscher, dass die Erdkruste eine ungleiche Dicke besitzt: die kontinentale Kruste mit einer Mächtigkeit von 30 bis 60 Kilometer, die unter den Ozeanen liegende ozeanische Kruste mit nur fünf bis sieben Kilometer Dicke.[3] Unter der Erdkruste befindet sich der Erdmantel. Er wird unterteilt in einen Oberen und einen Unteren Mantel und eine dazwischenliegende Übergangszone. Der Obere Erdmantel bildet zusammen mit der Erdkruste die Gesteinshülle der Erde (Lithosphäre). Seine Schicht besteht aus festen Gesteinen. In der Schicht, die darunter liegt, herrschen Temperaturen von bis zu 1.000 Grad Celsius und die Gesteine können anfangen zu schmelzen. Diese Schicht nennt sich Fließzone oder Asthenosphäre, ist plastisch, und sie ist nur wenige 100 Kilometer dick – in dieser Schicht liegt der Schlüssel für Vulkane und Erdbeben. Der Erdmantel ist unter der Fließzone wieder fest. Über den Erdkern weiß man heute leider nur sehr wenig. Man vermutet, dass

[1] Vgl. http://www.wdr.de.varnish.gl-systemhaus.de/tv/quarks/sendungsbeitraege/2002/0514/003_reise.jsp
[2] Vgl. Durchblick, GSW Erdkunde 7/8, 1. Auflage, Braunschweig, Westermann Druck GmbH, S. 40
[3] Vgl. http://www.geologieinfo.de/geologie/schalenaufbau.html

sein äußerer Teil aus flüssigen Eisen-Nickel-Verbindungen besteht und sein innerer Teil dagegen fester ist. Im inneren Erdkern schätzt man die Temperatur auf über 5.000 Grad Celsius.[4]

Wie eine Zwiebel ist unsere Erde aus mehreren Schichten aufgebaut. Jede einzelne Schicht besitzt unterschiedliche chemische und physikalische Eigenschaften und sie bilden zusammen das Aktionsfeld der inneren Dynamik unseres Planeten. Dank der Wellenanalyse weiß man heute, dass die Eigenschaften der Schalen die Ausbreitung von seismischen Wellen im Erdinneren beeinflussen – je höher die Dichte ist, umso schneller breiten sich die Wellen aus. Longitudinalwellen (oder auch Längstwellen genannt) haben das Merkmal alle Medien zu durchdringen und sie schwingen dabei in Ausbreitungsrichtung um den Betrag der Amplitude hin und her. Transversalwellen (oder auch Quer-, Schub- oder Scherwellen genannt) können nur feste, jedoch keine flüssige Materie durchdringen. Treffen seismische Wellen auf die Schichtgrenzen der Schalen, so können sie dort abgelenkt oder sogar reflektiert werden.

Seismische Wellen (Erdbebenwellen) werden bei jeder Erschütterung der Lithosphäre ausgesendet – hier werden die Raumwellen (P- und S-Wellen) von den Oberflächenwellen (Love- und Rayleight-Wellen) unterschieden. Die Raumwellen unterscheiden sich in ihrer Fortpflanzungsart und -geschwindigkeit und sie sind entscheidend für die seismischen Analysen. S-Wellen breiten sich als Transversalwelle oder Scherwelle aus und haben eine Geschwindigkeit von 17.800 Kilometer pro Minute, während P-Wellen sich dagegen viel schneller ausbreiten (40.200 Kilometer pro Minute) und in Form von Kompressionswellen, das heißt geradlinig. Seismologen können, in Kenntnis der bekannten Fortpflanzungsgeschwindigkeiten, aufgrund der Zeitdifferenz beim Eintreffen der Wellen an den Messstationen, die Herdentfernung der seismischen Erschütterung, die auch mit einem Vulkanausbruch verbunden ist, festlegen.[5]

3. Vorkommen von Vulkanen

Ob Ätna, Mount Sankt Helen oder Kilauea – Vulkane gibt es an vielen Orten der Erde, doch das Auftreten dieser Feuerberge ist nicht beliebig.

Weltweit schätzt man ihre Zahl auf zirka 1.900, von denen 350 zurzeit aktiv sind. Kaum ein Tag vergeht, an dem nicht die Erde Magma durch die Erdkruste an die Oberfläche oder unterhalb der Meeresoberfläche auf den Ozeanboden „spuckt".[6]

In den Schwächezonen der Erdkruste, das heißt an den Rändern der Kontinente und ihren vorgelagerten Inseln oder entlang der jungen Faltengebirge, befindet sich die Mehrheit der noch heute tätigen Vulkane. Weitere Ausgangspunkte für das Vorkommen der Vulkane sind die tektonischen Schwachzonen in den Ozeanen (siehe Abbildung 2).[7] Der so genannte „Feuerring", ein Ring von Vulkanen im Pazifischen Ozean, ist wohl das bekannteste Beispiel hierfür.[8]

---

[4]Vgl. Harms Handbuch der Erdkunde, Physische Geographie, Band 7, 5. Auflage, München, Paul List Verlag, 1964, S.81

[5] Vgl. Geographie Heute, Vulkanismus, Heft 247, Stuttgart, Ernst Klett Verlag GmbH, 2007, S. 20

[6] Vgl. Geographie Heute, Vulkanismus, Heft 247, Stuttgart, Ernst Klett Verlag GmbH, 2007, S. 26

[7] Vgl. Stundenblätter Geographie 7./8. Schuljahr, Rolf Koch/Hilmar Geibert, Stuttgart, Ernst Klett Verlag, 1979, S.26

[8] Vgl. Terra, Erdkunde 7/8, 1. Auflage, Stuttgart, Ernst Klett Verlag 2008, S.18

So erfolgt das Auftreten der Vulkane nach einem ganz bestimmten Verteilungsmuster. Unsere Erdkruste kann man sich wie ein großes Puzzle vorstellen. Sie ist keine zusammenhängende Fläche, sondern sie besteht aus sieben großen Platten und vielen, man schätzt circa 20, kleinen Platten, die auf dem Erdmantel schwimmen. Zusammengenommen bilden sie die uns bekannte Erdkruste mit den Kontinenten und den Böden der Meere. Die Dicke der Platten reicht von sechs bis 30 Kilometer. Die Platten verschieben sich nur um wenige Zentimeter im Jahr, sodass man ihre Bewegung mit dem bloßen Auge nicht wahrnehmen kann. In der Fließzone wird durch die Konvektionsströme das Treiben der Platten verursacht und im Bereich der Lithosphärenplattengrenzen gelangt Magma aus der Tiefe nach oben. Die Erdkruste zerbricht, die Platten driften auseinander (divergente Platten), so wie im Bereich der Ozeanböden. Der Meeresboden ist hier geöffnet. Die Folge dieser Divergenz ist, dass Öffnungen entstehen, die sich immer wieder mit Magma füllen.[9] Durch die empordringende Gesteinsschmelze entsteht neuer Ozeanboden, wie zum Beispiel der Mittelatlantische Rücken, der Ostpazifische Rücken oder der Arabisch-Indische Rücken. Bei divergierenden Platten auf der kontinentalen Kruste bricht die Erdkruste ein, so geschehen beim Ostafrikanischen Graben und beim Oberrheingraben.

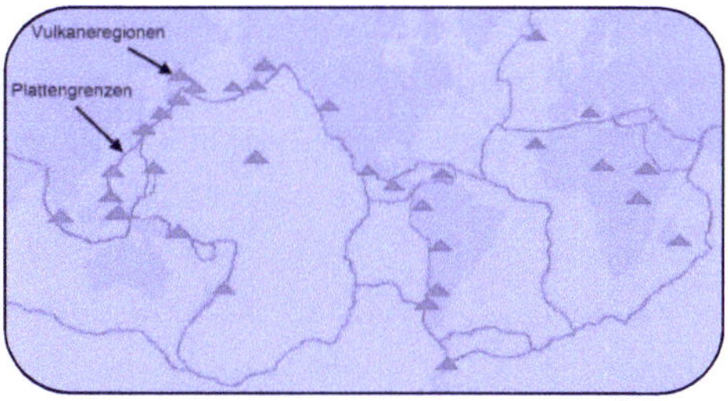

Abbildung 2

Ebenso befinden sich Vulkane auch in so genannten Subduktionszonen, dort, wo Lithosphärenplatten konvergieren, das bedeutet, dass die schwerere ozeanische Platte unter die spezifisch leichtere Kontinentalplatte abtaucht, wie beispielsweise die Nazca-Platte, die unter die Südamerikanische Platte taucht. Dabei wird die ozeanische Platte erhitzt und das in die Tiefe mitgeführte Gestein wird geschmolzen. Die Gesteinsschmelze kann durch die kontinentale Platte nach oben dringen und dabei Eruptionen verursachen. Die meisten Vulkane sind demnach an Plattengrenzen gebunden.[10]

Des Weiteren gibt es Vulkane, die sich Hotspot- oder Intraplattenvulkane nennen. „Ein Hotspot ist ein über lange Zeit (über 100 Millionen Jahre) ortsfester Aufschmelzungsbereich im Erdmantel unter der Lithosphäre, über den die jeweils driftende Platte hinweg wandert“[11] Hierfür ist als bekanntestes Beispiel der Hawaii-Hot Spot im Pazifik zu nennen, der in einem Zeitraum von 60 Millionen Jahren zahlreiche Vulkaninseln aufbaute.[12]

[9] Vgl. http://www.bakip-linz.at/Vulkanismus/verteilung_vulkane.htm
[10] Vgl. Terra, Erdkunde 7/8, 1. Auflage, Stuttgart, Ernst Klett Verlag 2008, S.10
[11] Geographie Heute, Vulkanismus, Heft 247, Stuttgart, Ernst Klett Verlag 2007, S. 26
[12] Vgl. Geographie Heute, Vulkanismus, Heft 247, Stuttgart, Ernst Klett Verlag 2007, S. 26

4. Vulkantypen

4.1 Schildvulkane

Schildvulkane sind die am häufigsten vorkommenden Vulkantypen auf der Erde, mit einem Anteil von circa 90 Prozent aller aktiven, beziehungsweise 95 Prozent, wenn man die inaktiven Vulkane mit einbezieht. Die meisten Schildvulkane sind auf dem Meeresgrund vorzufinden und einige von ihnen sind für die Entstehung von vielen Inseln verantwortlich. Der Mauna Loa auf Hawaii (siehe Abbildung 3) ist einer der bekanntesten Schildvulkane. Der einzige Schildvulkan Deutschlands ist der Vogelsberg. Dieser ist zugleich der größte Vulkan seines Typs in Europa. Schildvulkane können sich über einen sehr großen Raum ausdehnen und deshalb beträgt ihre Hangneigung meist auch nicht mehr als fünf Grad.[13] Das hängt damit zusammen, dass beim Ausbruch die gasarme Lava mit einer Temperatur von 1000 bis 1250 Grad Celsius sehr heiß und daher sehr dünnflüssig ist, wodurch sie die hohe Fließgeschwindigkeit von 60 Kilometer pro Stunde erreichen kann. Die Lava kann sich daher über Hunderte von Quadratkilometern verteilen, bevor sie abkühlt und zu Basalt erstarrt. Schildvulkane werden aufgrund ihres Eruptionsverhaltens auch als rote Vulkane bezeichnet, da ihre Lava sehr hell ist und rot glüht.[14]

Abbildung 3

4.2 Schichtvulkane

Schichtvulkane werden auch als Stratovulkane bezeichnet. Ihr Erkennungsmerkmal ist eine spitzkegelige, steile Form. Sie bestehen aus abwechselnden Schichten von Lava und Lockermassen (pyroklastische Ablagerungen). Man bezeichnet diesen Typ von Vulkanen auch als graue Vulkane, da sie keine glühenden Förderprodukte auswerfen, sondern graue.[15] Das Magma der Schichtvulkane ist im Vergleich zum Magma der Schildvulkane recht kühl und daher ist es auch viel zähflüssiger. Die Eruptionen verlaufen aufgrund des hohen Gasanteils sehr explosiv und es treten abwechselnd Lockermassen und Lava hinaus. Die Massen lagern sich in einzelnen Schichten auf dem Vulkan ab und erkalten anschließend. Aufgrund dieses Vorgangs kommt die Namensgebung der Schichtvulkane zustande. Bei einer Eruption (auch plinianische Eruption genannt) können die austretenden Lockermassen eine Höhe von bis zu 40 Kilometer erreichen. Sobald die Magmakammer des Vulkans in sich zusammenstürzt, wird sein Gipfel durch den Einbruchskessel ersetzt, wo sich dann ein neuer Vulkankegel bildet. Schichtvulkane haben

Abbildung 4

[13] Vgl. Was Ist Was, Vulkane, Band 57, Nürnberg, Tessloff Verlag 2009, S. 36
[14] Vgl. http://www.vulkane-infos.de/vulkantypen/schildvulkane.html
[15] Vgl. http://www.uni-protokolle.de/Lexikon/Schichtvulkan.html

oft sehr lange Ruhephasen, da die Lava im Vulkanschlot erstarrt und das neu vordringende Magma beim Aufstieg nicht den alten Schlot durchdringen kann. Die Schichtvulkane mit etwa 66 Prozent der Festlandvulkane sind bekannter als Schildvulkane, denn kommt es zu einem Ausbruch, so erleben wir ihn in den meisten Fällen als Naturkatastrophe. Zu den bekanntesten Schichtvulkanen zählen zum Beispiel der Mt. Sankt Helens in den USA, der Ätna (siehe Abbildung 4) auf Sizilien oder der Fudschijama in Japan.[16]

4.3 Maare

Abbildung 5

Im Quartär, im Zeitalter des Pleistozäns, entstand in der Eifel eine der jüngsten Vulkanlandschaften in Europa. Vor etwa 500.000 Jahren begann diese Art von Vulkanismus, die die Maare hervorbrachte (siehe Abbildung 5).[17] Der Begriff „Maar“ (lat. mare „See/Meer“) beschreibt eine runde „trichterförmige Hohlform an der Erdoberfläche“.[18] Vulkanologen haben erforscht, dass Maare durch phreatomagmatische Eruptionen entstehen.[19] Heißes, in Spalten empor quellendes Magma kontaktiert mit kaltem Oberflächen- oder Grundwasser. Das Wasser verdampft, dehnt sich dabei blitzartig aus und es kommt zu einer gewaltigen aufwärts gerichteten Explosion. Das Magma bleibt förmlich in der Tiefe stecken, nur die Gase entweichen. Ein mehr oder weniger runder, in den Untergrund reichender Explosionskessel entsteht.[20] Lava und Asche werden kaum gefördert, insofern kann sich auch kein Vulkankegel aufbauen.[21] Das Gestein wird durch den Druck in kleinste Bestandteile zerfetzt und aus dem Explosionstrichter herausgeschleudert. Das durchgeschlagene Gestein fällt in den Sprengtrichter zurück und baut um ihn einen Wall des Auswurfmaterials auf. Dieser Ringwall besteht nur zum geringen Teil aus vulkanischen Produkten. Das meiste Material nehmen die zertrümmerten nichtvulkanischen Nebengesteine ein.

Moderne geophysikalische Untersuchungen geben Hinweise darauf, dass die unterirdischen Kräfte unter der Eifel noch nicht zur Ruhe gekommen sind. Immerhin lebte die vulkanische Tätigkeit in dieser Region über einen Zeitraum von 200 Millionen Jahren ständig wieder auf und der letzte Gasausbruch fand „erst“ vor 10.000 Jahren statt. Die Entstehung weiterer Maare gilt bei den

---

[16] Vgl. http://www.vulkane-infos.de/vulkantypen/schichtvulkane.html
[17] Vgl. http://www.wissen.de/wde/generator/wissen/services/print,page=3227876,node=559072.html
[18] Vgl. Taschenbuch der physischen Geographie, Das Gesicht der Erde, 3. Auflage, Zürich und Frankfurt/M., Verlag Harri Deutsch 1974, S. 711
[19] Vgl. http://www.wissen.de/wde/generator/wissen/services/print,page=3227876,node=559072.html
[20] Vgl. Was Ist Was, Vulkane, Band 57, Nürnberg, Tessloff Verlag 2009, S. 36
[21] Vgl. Taschenbuch der physischen Geographie, Das Gesicht der Erde, 3. Auflage, Zürich und Frankfurt/M., Verlag Harri Deutsch 1974, S. 711

Wissenschaftlern als durchaus wahrscheinlich, was natürlich für die dichtbesiedelte Eifel verhängnisvolle und schwerwiegende Folgen nach sich ziehen würde.[22]

4.4 Calderen

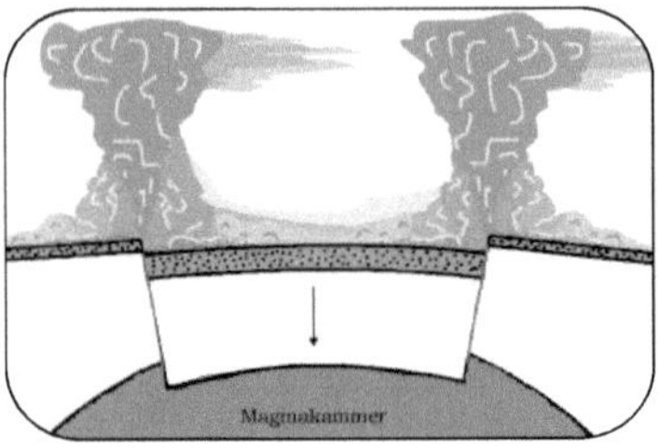

Abbildung 6

Der Name „Caldera“ kommt ursprünglich aus dem Spanischen und bedeutet „Kessel“.[23] Eine Caldera entsteht, wenn sich durch gewaltige Gasausbrüche die Magmakammer sehr rasch entleert.[24] Ursache für die explosiven Gasausbrüche ist eine ständige wachsende unterirdische Magmakammer. Der Druck der sich aufstauenden Magmamassen hebt das darüber liegende Gestein an, was wiederum zu Rissen in der Erdkruste führt. Schwachstellen entstehen, durch die das explosive Magma entweichen kann. Staub, Asche sowie Gase werden in die Atmosphäre geschleudert und verteilen sich global.[25]
Nach der Entleerung der Magmakammer sinkt der Vulkangipfel ein, ein großer kesselförmiger Krater entsteht, eine Caldera (siehe Abbildung 6). Die vulkanische Tätigkeit findet aber mit der Caldera-Bildung noch kein Ende. Ein neuer Vulkan kann sich in dem Riesenkessel mit weiteren Schloten aufbauen. Beispiele für eine Caldera sind neben dem Yellowstone der Vesuv oder Mount Mazama im US-Bundesstaat Oregon.[26]

5. Der Yellowstone-Nationalpark

Für die meisten Menschen gehört der Yellowstone-Nationalpark zu den größten Wundern der Natur. Amerikas ältester Nationalpark mit knapp 9000 Quadratkilometern gilt als Paradies mit seinen fantastischen heißen Quellen, Geysiren, Seen und Fumarolen.[27]

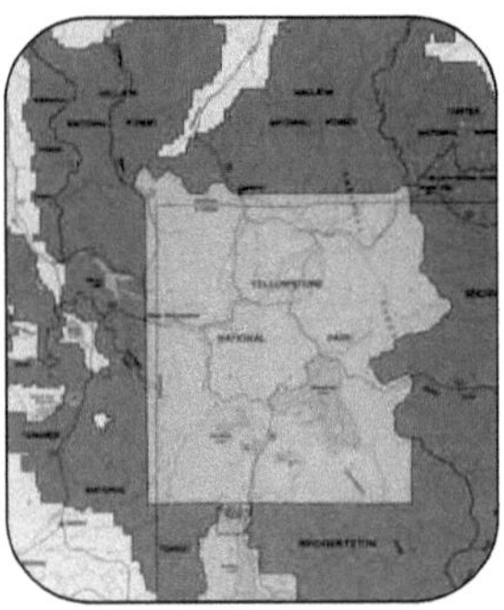
Abbildung 7

5.1 Allgemeines

Der Yellowstone-Nationalpark ist Teil der Rocky Mountains und liegt durchschnittlich etwa 2440 Meter über dem Meeresspiegel. Betrachtet man ihn einmal auf der Karte, so ähnelt er einem Viereck (siehe in Abbildung 7 den gelb markierten Bereich). Er ist circa 120 Kilometer lang und 87 Kilometer breit und liegt größtenteils im US-Bundesstaat Wyoming – ein kleiner Teil liegt im Norden und Westen zum Anrainerstaat Montana und im Südwesten zu Idaho. Es gibt dort das

[22] Vgl. http://www.wissen.de/wde/generator/wissen/services/print,page=3227876,node=559072.html
[23] Vgl. http://www.vulkane-infos.de/vulkantypen/calderavulkane.html
[24] Vgl. Was Ist Was, Vulkane, Band 57, Nürnberg, Tessloff Verlag 2009, S. 14
[25] Vgl. http://www.vulkane-infos.de/vulkantypen/calderavulkane.html
[26] Vgl. Was Ist Was, Vulkane, Band 57, Nürnberg, Tessloff Verlag 2009, S. 14
[27] Vgl. Der Neue Brockhaus, Band 5, 5. Auflage, Wiesbaden, F.A. Brockhaus, 1960, S. 571

größte Geothermalgebiet der Erde mit mehr als 10.000 Geysiren, heißen Quellen, brodelnden Schlammtöpfen und Fumarolen.[28] Diese Überbleibsel zeugen von den letzten gewaltigen und geschichtlich stärksten Eruptionen, die vor circa 640.000 Jahren hier stattgefunden haben. Aber im Nationalpark gibt es nicht nur Geothermalgebiete, sondern auch ein vielfältiges Ökosystem mit zahlreichen Tier- und Pflanzenarten. Eine abwechslungsreiche Landschaft mit Bergen, Seen, Flüssen und Canyons sind dort ebenfalls vorzufinden.[29]

5.2 Namensgebung

Abbildung 8

Inmitten des Nationalparks befindet sich der Yellowstone-Fluss, dessen Canyon-Wände aus einem gelblichen Gestein aufgebaut sind (siehe Abbildung 8).[30] Die ätzenden vulkanischen Gase und Dämpfe, die dort vorherrschen, greifen ständig den ursprünglich grauen Fels an und verfärben ihn gelb – an manchen Stellen jedoch auch rot und braun. Damals hatten die Indianer diese Gegend nach diesem gelblichen Gestein benannt und die ersten Pelztierjäger haben diesen Namen übernommen.[31]

5.3 Geschichte

Anhand von urgeschichtlichen Steinwerkzeugen konnten Archäologen nachweisen, dass der Bereich des heutigen Yellowstone-Nationalparks schon vor 11.000 Jahren von Menschen bewohnt wurde.
Im 19. Jahrhundert erforschten Entdecker und Wissenschaftler das Gebiet und die Öffentlichkeit wurde auf diese besondere Landschaft mit ihren geothermalen Phänomenen aufmerksam. Der US-Kongress beschloss im Jahre 1872 dieses Areal zu schützen und rief somit den ersten Nationalpark der Erde ins Leben. Seit 1978 gehört der Yellowstone-Park zum Weltkulturerbe.[32]

---

[28] Vgl. Die Erde, Life – Wunder der Natur, Amsterdam, Time Inc. Verlag, 1967, S. 186
[29] Vgl. Harenberg Kompaktlexikon in 3 Bänden, Band 3, Dortmund, Harenberg Lexikon Verlag, 1996, S. 3231
[30] Vgl. Die Naturwunder der Erde, Ein Bildlexikon von A bis Z, Stuttgart, Verlag Das Beste GmbH, 1979, S. 414
[31] Vgl. http://www.bimez.at/uploads/zusatzmaterialien/4650439/beiblatt_yellowstone.pdf
[32] Vgl. Die Naturwunder der Erde, Ein Bildlexikon von A bis Z, Stuttgart, Verlag Das Beste GmbH, 1979, S. 414

6. Der Yellowstone-Vulkan

6.1 Ursachen für den Vulkanismus

Abbildung 10

Das Yellowstone-Gebiet wird seit rund 17 Millionen Jahren vom Vulkanismus geprägt. Es gehört zu den vulkanisch aktivsten Regionen der Welt, was auch die heute noch zumeist schwachen Erdbeben und die spektakulären Schauspiele der Geysir-Fontänen sowie die blubbernden, heißen Schlammseen bezeugen. Der Yellowstone im US-Bundesstaat Wyoming zählt zu einem der gefährlichsten Supervulkanen der Welt. Einen Vulkankegel gibt es allerdings nicht, doch hat man anhand von Satellitenbildern Ende der achtziger Jahre festgestellt, dass der Yellowstone-Nationalpark größtenteils aus einer Caldera, dem Überrest eines in sich eingestürzten Vulkans, besteht. Die kesselförmige Einbruchstruktur entstand bei der letzten Eruption vor 640.000 Jahren durch den Einsturz der Magmakammer. Unterhalb der circa 5.000 Quadratkilometer großen Caldera (siehe Abbildung 9 den orange markierten Bereich), sie ist mehr als doppelt so groß wie Luxemburg, in nur acht Kilometer Tiefe, liegt das „Herz“ dieses Supervulkans, eine gigantische Magmakammer aus geschmolzenem Gestein, deren Größe die Geologen mit der des Mt. Everest vergleichen.[33]

Abbildung 9

Laut Experten liegt die Caldera über einem geologischen „Hotspot“, einem Bereich im oberen Erdmantel, in dem durch thermische Anomalien eine große Magmakammer entstanden ist, und der besonders heiß ist. Bei steigendem Druck steigt das Magma auf und befindet sich dicht unter der Erdoberfläche (siehe Abbildung 10).

Dieser feststehende Hotspot hat im Laufe von Jahrmillionen schon mehrere „Löcher“ in die nordamerikanische Kontinentalplatte gebrannt, die sich in Richtung Südwesten, zurzeit mit einer Geschwindigkeit von 4,5 Zentimeter pro Jahr, über ihn hinweg schiebt. Eine Kette von Calderen entstand zwischen der amerikanischen Westküste und der Yellowstone-Caldera, die zeitgeschichtlich als die jüngste Caldera über dem Hotspot liegt. Vor zwei Millionen Jahren kam es hier zu drei gigantischen Ausbrüchen, die die Vulkangeschichte von Yellowstone markieren. Solche Ausbrüche hat es nach Meinung der Experten in der Geschichte der Menschheit noch nicht gegeben.[34]

---

[33] Vgl. http://www.spiegel.de/wissenschaft/natur/0,1518,384847,00.html

[34] Vgl. Chandler, Skye (2007). Ausbruch eines Supervulkans. USA: N24

6.2 Frühere Ausbrüche

Der erste gigantische Ausbruch fand vor etwa zwei Millionen Jahren statt mit einem Auswurfvolumen von mehr als 2500 Kubikkilometer Asche und Lava. Im Vergleich dazu der Mt. St. Helen, der im Jahre 1980 ausbrach und dessen Auswurfvolumen „nur" 1,2 Kubikkilometer betrug. Die zweite große Ausbruchsphase erfolgte vor circa 1,3 Millionen Jahren mit der geringeren Auswurfsmasse von etwa 280 Kubikkilometer Asche und Lava. Die letzte schwere Eruption ereignete sich vor 640.000 Jahren, wobei 1000 Kubikkilometer Material ausgeworfen wurden. Alle Ausbrüche hinterließen eine Caldera. Die bei der letzten Eruption entstandene Caldera, auf der sich heute der Yellowstone -Nationalpark befindet, enthält die meisten Geysire und Thermalquellen, unter anderem den bekannten Geysir „Old Faithful" (siehe Abbildung 11) oder die größte, heiße Quelle Nordamerikas „Grand Prismatic Spring".[35]

Abbildung 11

6.3 Anzeichen für einen künftigen Ausbruch des Yellowstone

Nach Meinung der Wissenschaftler könnte es in den nächsten tausend Jahren aufgrund der ständigen geologischen Veränderungen im Yellowstone-Nationalpark durchaus zukünftige Vulkaneruptionen geben, doch ist heutzutage noch niemand dazu in der Lage, Zeitpunkt und Stärke der Eruptionen vorherzusagen. Dass der Yellowstone-Vulkan rege unterirdische Aktivitäten zeigt, können Vulkanologen mithilfe sensibler Messinstrumente nachweisen. Seismographen erfühlen über Langzeitstudien die kleinsten Erdregungen und Dank des Satellitennavigationssystems GPS und der Satelliten der europäischen Weltraumbehörde ESA können großflächige Untersuchungen durchgeführt werden. Heute beobachten die Wissenschaftler genauestens die Erdbewegungen im Yellowstone-Park, um zu ermitteln, ob und wann die nächste „Megaeruption" stattfinden könnte. Ein äußerst signifikantes Phänomen ist die mittels Satellitennavigationsmessgeräten nachgewiesene Hebung und Senkung dieses Gebietes. In einem beständigen Rhythmus hebt sich der Kraterrand, während sich der Calderaboden senkt. Nach Meinung der Geologen entstehen diese Bewegungen durch unterirdisch geschmolzenen Basalt. Das flüssige Gestein fließt in die riesigen Magmakammern unter dem Park und hebt somit die Oberfläche an. Ebenso könnten unter Druck stehendes Wasser oder Gase eine Rolle spielen. Diese Bewegungen führen verstärkt zu geothermischen Aktivitäten in dem Gebiet. Seit Neuestem verwenden Geologen seismische Tomographen, mit deren Wellenberechnungen sie die Erdschichten in bis zu 1400 Kilometer Tiefe erkunden können. Im gesamten Park werden GPS-Aufzeichnungsgeräte aufgestellt, die Erdbewegungen innerhalb von nur fünf Millimeter nachweisen können.[36] Mit Hilfe der jüngsten Satellitendaten konnte ein 3D-Modell der Magmakammer unterhalb der Yellowstone-Caldera erstellt werden (siehe Abbildung 12). In der

---

[35] Vgl. http://www.bimez.at/uploads/zusatzmaterialien/4650439/beiblatt_yellowstone.pdf

[36] Vgl. http://www.weltbildung.com/yellowstone-vulkan-ausbruch.htm

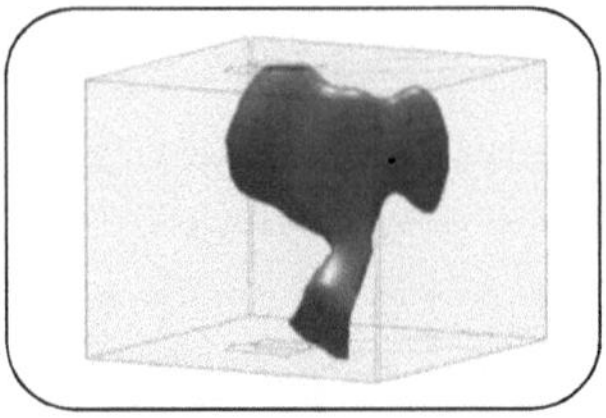

Abbildung 12

U-förmigen Kammer sollen sich fünfhundert Kubikkilometer geschmolzenes Gestein befinden, hundertmal mehr als in der Magmakammer des Pinatubo. Durch die Satellitenbilder wurde offenkundig, dass sich die Caldera im Norden um sieben Millimeter im Jahr aufgewölbt hat, im Süden dagegen jährlich um fünf Millimeter absinkt. [37] Diesen Wert stufen die Wissenschaftler als sehr hoch und als ein mögliches Gefahrenzeichen ein.

Eine Schlüsselkomponente bei vulkanischen Aktivitäten sind Erdbeben. Vulkane und Erdbeben gehören zusammen wie Pech und Schwefel und der Yellowstone-Park ist eines der erdbebenreichsten Gebiete in den Rocky Mountains mit jährlich 3000 kleineren und größeren Erdbeben. Der Druck durch das Magma, das in einen Vulkan hereinbrechen kann, verursacht Erdbewegungen und somit Erdbeben. So löste im Jahre 1959 beispielsweise das Beben mit der Stärke 7,1 auf der Richter-Skala zahlreiche Erdrutsche aus, die den Madison-Canyon verschütteten, was wiederum dazu führte, dass der Madison-Fluss zu einem See aufgestaut wurde, dem Erdbebensee von Hebgen.[38]

Viele vulkanische Krater heben und senken sich jahrzehntelang weltweit, ohne dass es zu einer Explosion kommt. Beim Yellowstone-Vulkan ist es jedoch nach Meinung einiger Geologen besorgniserregend, dass sich der Krater „seit dem Jahre 2004 um 18 Zentimeter gehoben hat – mehr als jemals zuvor in mehr als 80 Jahren."[39]

Die zwei wichtigsten Vorboten eines Vulkanausbruchs, seismische Aktivitäten und Bodenverformungen, werden im Yellowstone-Gebiet sehr genau beobachtet. Doch das allein reicht nicht aus, um einen möglichen Ausbruch vorherzusagen. Trotz seiner abgeschiedenen Lage könnte eine Eruption Tausende von Menschen in Gefahr bringen. Zurzeit glauben die Wissenschaftler zwar nicht, dass ein Ausbruch bevorsteht, doch wenn die Wassertemperatur ansteigt, der Erdboden sich erhöht oder die Bodenaktivität zunimmt, dann könnte dies durchaus ein Zeichen für einen erneuten Ausbruch des Yellowstone-Vulkans sein. Die Frage lautet also nicht, ob es einen Ausbruch geben wird, sondern wann und wie. Tatsache ist, dass der Mensch einen Vulkanausbruch nicht aufhalten kann. So gilt der Yellowstone-Vulkan zurzeit als der größte potentielle Auslöser einer Naturkatastrophe.[40]

6.4 Auswertung des Fragebogens[41]

Um festzustellen, wie bekannt der Yellowstone-Vulkan im gleichnamigen Yellowstone-Nationalpark ist und inwieweit die Bevölkerung über einen eventuellen zukünftigen Ausbruch mit globalen Folgen

---

[37] Vgl. http://www.spiegel.de/wissenschaft/natur/0,1518,384847,00.html

[38] Vgl. http://www.bimez.at/uploads/zusatzmaterialien/4650439/beiblatt_yellowstone.pdf

[39] Vgl. http://www.spiegel.de/wissenschaft/natur/0,1518,384847,00.html

[40] Vgl. http://www.weltbildung.com/yellowstone-vulkan-ausbruch.htm

[41] s. Fragebogen und schriftliche Auswertung im Anhang, Teil A

informiert ist, habe ich eine Befragung im Raum Duderstadt-Gieboldehausen durchgeführt. Übergeordnete Ergebnisse sind folgende:

- Der Großteil der Teilnehmer hat den Namen „Yellowstone Nationalpark“ schon gehört, sei es durch Bücher, Fernsehen oder Internet und kann diesen Bereich auch geografisch einordnen.
- Auch dass dieses Gebiet durch Vulkanismus entstanden ist, wissen die meisten der Befragten. Die Tatsache jedoch, dass Wissenschaftler eine gigantische Magmakammer unter dem Park entdeckt haben und einen Ausbruch des Yellowstone-Vulkans befürchten, ist der Mehrheit nicht bekannt, was vermutlich daran liegt, dass erst in jüngster Zeit mit neuartigen sensiblen Messgeräten diese Entdeckungen erfolgten. Außerdem haben die Medien dieses Phänomen bis jetzt kaum publik gemacht.
- Interessant ist, dass sich trotzdem mehr Teilnehmer vor einem Ausbruch fürchten. Begründen möchte ich dies damit, dass die wissenschaftlichen Aussagen nicht angezweifelt werden. Mehr Informationen und Aufklärung zu diesem Thema wünschten sich fast alle der Befragten.
- Unterschiede in den Antworten gab es gemäß dem Altersgefälle. So zeigte sich bei den Befragten, die älter als 40 Jahre sind, eine höhere Sachkenntnis zu dieser Thematik als bei den jüngeren Teilnehmern. Vielleicht mag das daran liegen, dass mit zunehmendem Alter bei vielen Menschen das Interesse an Natur und Umwelt steigt.

7. Folgen des Ausbruchs

7.1 Folgen für die USA

Die Wissenschaftler vergleichen den Yellowstone mit einer langsam tickenden Zeitbombe, die jederzeit explodieren könnte[42] und die Forscher des Geologischen Dienstes der USA stellen sich folgendes Szenario vor: Ohne große Vorwarnung könnte der gigantische Vulkan wieder aktiv werden, ausbrechen und zu einer Katastrophe führen. Wenn er ausbricht, so die Wissenschaftler, werden Teile des Nordwestens der USA vollständig verwüstet und verbrannt. Als erstes Anzeichen des Ausbruchs gäbe es ein unterirdisches Grollen, von Erdbeben begleitet. Durch den ständigen Druck des Magmas und der heißen Gase käme es zu Bodenverformungen. Die Erdbeben nähmen an Stärke zu und breiteten sich über den Rand der Caldera aus. Immer mehr Erdspalten würden aufbrechen, durch die nicht nur riesige Geysire mit kochendem Wasser Hunderte von Metern in die Luft schießen, sondern auch Lava an die Erdoberfläche gelänge. Die Eruption schleudere Dampf und Asche in die Atmosphäre (siehe Abbildung 13) und wie Hurrikans würden 800° heiße Glutlawinen über den Boden schießen und alles Leben auf einer Fläche von der Größe Thüringens vernichten.[43] Mit Überschallgeschwindigkeit würde das Auswurfmaterial bis in eine Höhe von 25 Kilometer geschleudert werden. Die Geologen vermuten, dass die gigantische Magmakammer über verschiedene

[42] Vgl. http://www.weltbildung.com/yellowstone-vulkan-ausbruch.htm
[43] Vgl. http://www.spiegel.de/wissenschaft/natur/0,1518,384847,00.html

Abbildung 13

Ausbruchsstellen eine Million Tonnen Auswurfmaterial herausschleudern würde. Der Auswurf fiele zurück auf die Erde.[44] Auch in Los Angeles, tausend Kilometer entfernt, bedecke der Ascheregen die Region und rund um das Yellowstone-Gebiet vermutet man eine bis zu zehn Meter hohe Ascheschicht. „Das öffentliche Leben dort und in vielen anderen Metropolen wäre lahmgelegt. Flughäfen, Bahnen, Autoverkehr, Elektrizitätswerke, Lebensmittellieferungen und Mobiltelefone stünden still."[45] Wegen der kurzen Vorwarnzeit befänden sich Tausende von Menschen in Gefahr. Die niederregnende Asche bedrohe Menschen und Tiere, denn durch das Einatmen würden die Glasteilchen, die die Vulkanasche enthält, inhaliert, die Lungen und auch Knochen verletzen. Der Mensch könnte sich durch Atemmasken schützen, aber für die Tiere gäbe es keine Rettung. Innerhalb von wenigen Wochen wäre das Nutzvieh verendet.

Ebenso würde ein Großteil des Ackerlandes im Mittleren Westen, der Kornkammer der USA, von Vulkanasche bedeckt werden und da Vulkanasche steril ist, könnte man im Ascheboden nichts anbauen. Es gäbe keine Ernte und Hungersnöte im Mittleren Westen wären vorprogrammiert. Im Gegensatz zu kurzzeitigen Naturkatastrophen wie Tornados oder Hurrikans, hätte der Yellowstone-Ausbruch über Jahre hinweg katastrophale Auswirkungen. Die Genesung wäre ein äußerst langanhaltender Prozess.[46]

7.2. Globale Folgen

Nicht nur im Ausbruchsgebiet müsste man mit verheerenden Folgen rechnen, sondern auch weltweit. Eine Vulkanexplosion dieses Ausmaßes hätte die vielfache Sprengkraft einer Wasserstoffbombe und könnte Millionen Todesopfer fordern.[47] Die Unmengen an hochgeschleuderter Asche in die Atmosphäre, die der Jet-Stream mit sich über den ganzen Globus verbreiten würde, hätte eine gravierende Klimaveränderung zur Folge. Die Aschepartikel blieben jahrelang in der Atmosphäre, was einen radikalen Temperaturabfall auf der Erde bewirken könnte. Diese Annahme erhärten die Wissenschaftler durch den durch Eiskernbohrungen festgestellten Klimawandel, verursacht durch den Ausbruch des Supervulkans Toba auf Sumatra vor rund 70.000 Jahren, als die Temperatur um 20 Grad Celsius abfiel.[48] Der Ausbruch des Yellowstone könnte auf der Nordhalbkugel eine Temperaturabnahme von bis zu zehn Grad Celsius verursachen. Dies bedeute Schnee und Frost im

[44] Vgl. Chandler, Skye (2007). Ausbruch eines Supervulkans. USA: N24
[45] Vgl. http://www.spiegel.de/wissenschaft/natur/0,1518,384847,00.html
[46] Vgl. Chandler, Skye (2007). Ausbruch eines Supervulkans. USA: N24
[47] Vgl. http://www.weltbildung.com/yellowstone-vulkan-ausbruch.htm
[48] Vgl. Chandler, Skye (2007). Ausbruch eines Supervulkans. USA: N24

Sommer und einen Zusammenbruch der Landwirtschaft auch auf den anderen Kontinenten. Nicht nur die Menschheit, auch Flora und Fauna würden in Mitleidenschaft gezogen werden.[49] Für die Zivilisation würden demzufolge schwere Zeiten anbrechen mit den eventuell dramatischsten Umständen, die die Menschheit je erlebt hat. Doch vielleicht wird das alles die nächsten tausend Jahre nicht passieren. Die Hoffnung bleibt, dass „der sanfte Schlummer der Yellowstone-Caldera“[50] weiter bestehen bleibt, damit die apokalyptischen Prognosen der Wissenschaftler nicht Realität werden.

8. Reflexion

Nach knapp sechs Wochen Bearbeitungszeit des Themas „Vulkanismus und der Ausbruch des Yellowstone – Welche Folgen hätte der Ausbruch dieses Supervulkans?“ kann ich behaupten, dass ich in dieser arbeitsintensiven Zeit sowohl inhaltlich als auch methodisch viel dazugelernt habe. Auch in unserem heutigen modernen Zeitalter üben Vulkane immer noch gleichzeitig Faszination und Schrecken auf uns aus. Gerne schauen wir zu, wenn Gesteinsmassen in den Himmel schießen, brennend heiße Lavaströme sich ins Tal ergießen, während der Vulkan sich möglichst in weiter Entfernung von uns befindet. Doch für die Menschen in ihrer unmittelbaren Umgebung können die Auswirkungen verheerend und sogar tödlich sein. Gerade in der letzten Zeit häuften sich die Meldungen über Naturkatastrophen, beispielsweise das gewaltige Erdbeben in Chile im Februar 2010. Naturereignisse werden erst dann zu Katastrophen, wenn sie Natur, Menschen und Wirtschaft zerstören. Durch meine intensive Beschäftigung mit diesem Thema ist mir wieder bewusst geworden, wie hilflos und klein doch der Mensch gegenüber den Gewalten der Natur ist. Wir verfügen zwar über die neuesten Technologien, kennen uns aus mit der Funktionsweise von sensiblen Messgeräten und besitzen hochtechnische Simulationsprogramme, die uns erlauben, einen Blick ins Erdinnere zu werfen oder einen Vulkanausbruch „live“ mitzuerleben. Die Wissenschaft hat heutzutage viele Rätsel der Natur gelöst, weiß Bescheid über die Entstehung von Vulkanen und Gründe ihrer Eruption. Doch was mich sehr nachdenklich macht, ist die Tatsache, dass trotz unserer hochentwickelten Technik die Experten noch nicht in der Lage sind, einen Vulkanausbruch präzise vorherzusagen, um genügend Zeit für die notwendigen Präventivmaßnahmen in die Wege zu leiten. Dies wird wohl auch in Zukunft nicht machbar sein. So bleibt der Vulkan weiterhin ein mystisches Phänomen für uns mit seiner eigenen dramatischen Welt.

Für die Zukunft wünsche ich mir eine größere Beachtung für den Supervulkan Yellowstone, der eventuell eines Tages für uns sehr bedeutungsvoll werden kann. Denn das Wissen um ihn und seine drohende Gefahr kann uns nur nachdenklich und aufmerksam werden lassen für Natur, Zeit und Weltbild.

---

[49] Vgl. http://www.spiegel.de/wissenschaft/natur/0,1518,384847,00.html

[50] Chandler, Skye (2007). Ausbruch eines Supervulkans. USA: N24

„Die Natur ist unerbittlich und unveränderlich, und es ist ihr gleichgültig, ob die verborgenen Gründe und Arten ihres Handelns dem Menschen verständlich sind oder nicht"[51] Galileo Galilei

[51] Vgl. http://www.zit.at/thema/natur.html

Anhang

A: Fragebogen und die Auswertung

Fragebogen

Im Zuge meiner Facharbeit in dem Fach Erdkunde zu dem Thema „ Vulkanismus und der Ausbruch des Yellowstone-Vulkans – Welche globalen Folgen hätte der Ausbruch dieses Supervulkans?“ möchte ich, Bastian Gniewosz, Schüler der 12. Klasse des Eichsfeld-Gymnasiums in Duderstadt, eine Befragung zum Bekanntheitsgrad dieses Vulkans und die von ihm ausgehenden drohenden Gefahren durchführen.

Angaben zur Person

Geschlecht: o männlich o weiblich

Alter: o bis 20 Jahre o 21 bis 30 Jahre o 31 bis 50 Jahre o 51 bis 80 Jahre o 81 und älter

1. **Haben Sie den Namen „Yellowstone Nationalpark“ schon einmal gehört?**
   o ja o nein

2. **Wenn ja, wodurch haben Sie Informationen erhalten?**
   o durch Bücher o durch das Internet o durch das Fernsehen

3. **Können Sie den Yellowstone Nationalpark geografisch einordnen?**
   o ja o nein o ungefähr

4. **Haben Sie den Yellowstone Nationalpark schon einmal besucht?**
   o ja o nein

5. **Wissen Sie, dass der Yellowstone Nationalpark vulkanischen Ursprungs ist?**
   o ja o nein

6. **Ist Ihnen bekannt, dass dieses Gebiet zu den vulkanisch aktivsten Regionen weltweit gehört?**
   o ja o nein

7. **In den letzten Jahren ist in den Medien darüber geschrieben worden, dass Wissenschaftler unter dem Yellowstone Nationalpark eine gigantische Magmablase entdeckten. Haben Sie etwas darüber gehört oder gelesen?**
   o ja o nein o etwas

8. **Einige Wissenschaftler stufen den Yellowstone als einen der gefährlichsten Supervulkane ein und befürchten einen zukünftigen Vulkanausbruch mit globalen Folgen. Sind Sie darüber informiert?**
   o ja o nein

9. **Befürchten Sie auch, dass es eines Tages zum Ausbruch dieses Supervulkans kommt?**
   o ja o nein

10. **Wünschen Sie sich mehr Informationen zu diesem Thema?**
    o ja o nein

Auswertung des Fragebogens

Teilgenommen haben an der Befragung 40 Personen, von denen 22 männlich und 18 weiblich waren. Die Auswahl der Befragten erfolgte zufällig.

Von den Befragten gaben nur 3 Personen an, dass sie den Namen „Yellowstone Nationalpark" noch nicht gehört hätten, woraus sich ein hoher Bekanntheitsgrad dieses Gebietes erschließen lässt.

Ihre Informationen zum Yellowstone-Nationalpark bezogen 44 Prozent der Befragten ausschließlich durch das Fernsehen. Immerhin 30 Prozent fügten dem Medium Fernsehen noch Bücher hinzu und 13 Prozent nutzten sowohl Fernsehen als auch Bücher und Internet. Die übrigen Befragten gaben als Informationsquelle ausschließlich Bücher an.

Für den Großteil der Befragten bereitete die geografische Einordnung des Parks keine Schwierigkeiten.

27,5 Prozent der befragten Personen gaben zu, seine Lage ungefähr einordnen zu können, während nur 7,5 Prozent mit einem „Nein" antworteten.

Besucht hat diesen Park noch keiner der Teilnehmer.

Dass der Yellowstone-Nationalpark vulkanischen Ursprungs ist, wissen 57,5 Prozent der Befragten, doch dass er auch heute noch zu den vulkanisch aktivsten Regionen der Welt gehört, ist nur 45 Prozent bekannt.

Eng hiermit verknüpft sind auch die folgenden beiden Fragen nach der riesigen Magmakammer unterhalb des Yellowstone-Nationalparks und einem eventuellen zukünftigen Vulkanausbruch mit globalen Folgen. Bei der ersten Frage antworteten 57,5 Prozent der Teilnehmer, dass ihnen diese gigantische Magmakammer mehr oder weniger bekannt sei, während 42,5 Prozent dies verneinen mussten. Bei der nächsten Frage erhielt ich mit 65 Prozent die größte Mehrheit mit der Antwort, dass die Teilnehmer über einen Ausbruch mit weltweiten Folgen wenig beziehungsweise nicht informiert sind. Dass es eines Tages zu einem Ausbruch des Yellowstone Vulkans kommen könnte, befürchten 52,5 Prozent der befragten Personen, obwohl einige zuvor angegeben hatten, über die vulkanischen Aktivitäten und der drohenden Gefahr nichts beziehungsweise wenig gewusst zu haben. Wahrscheinlich sind sie durch den Fragebogen für diese Thematik sensibilisiert worden. 47,5 Prozent zeigen keine Angst vor einem Ausbruch, was vermutlich an der großen Entfernung USA-Deutschland liegen mag (siehe Diagramm 1).

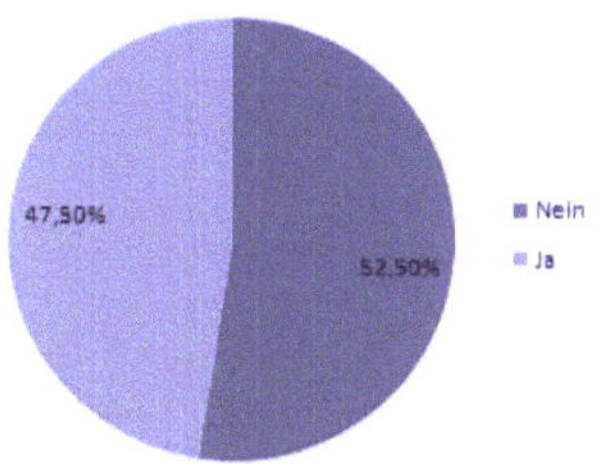

Diagramm 1

Bei der letzten Frage erhielt ich mit 70 Prozent die größte Mehrheit mit dem Wunsch, mehr Informationen zu diesem Thema der Öffentlichkeit zugänglich zu machen (siehe Diagramm 2).

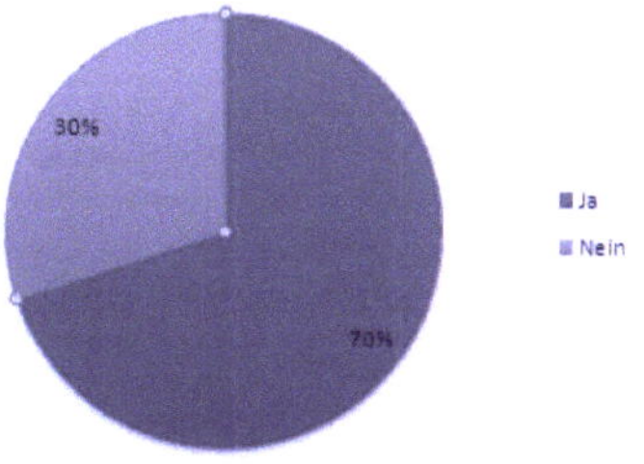

Diagramm 2

B: Quellenverzeichnise

Literaturverzeichnis:

- Dr. Köthe, Rainer: Was Ist Was, Vulkane, Band 57, Nürnberg, Tessloff Verlag, 2009
- Koch, Rolf und Geibert, Hilmar: Stundenblätter Geographie 7./8. Schuljahr, 1. Auflage, Stuttgart, Ernst Klett Verlag, 1979
- Fraedrich, Wolfgang u.a.: Geographie Heute, Vulkanismus, Heft 247, Stuttgart, Ernst Klett Verlag, 2007
- Dr. Bünstorf, Jürgen (Hrsg.): Terra, Erdkunde 7/8, 1. Auflage, Stuttgart, Ernst Klett Verlag, 2008
- Beiser, Arthur: Die Erde, Life – Wunder der Natur, Amsterdam, Time Inc. Verlag, 1967
- Harenberg, Bodo (Hrsg.): Harenberg Kompaktlexikon in 3 Bänden, Band 3, Dortmund, Harenberg Lexikon Verlag, 1996
- Gruner, Erich: Der Neue Brockhaus, Band 5, 5. Auflage, Wiesbaden, F.A. Brockaus, 1960
- Dr. Göbel, Peter und Dr. Flügel, Wolfgang: Die Naturwunder der Erde, Ein Bildlexikon von A bis Z, Stuttgart, Verlag Das Beste GmbH, 1979
- Prof. Dr. Neef, E. (Hrsg.): Taschenbuch der physischen Geographie, Das Gesicht der Erde, 3. Auflage, Zürich und Frankfurt/M., Verlag Harri Deutsch, 1974
- Prof. Dr. Wagner, Julius und Dr. Eggers, Willy (Hrsg.): Harms Handbuch der Erdkunde, Physische Geographie, Band 7, 5. Auflage, München, Paul List Verlag, 1964
- Halstenbach, Gisela (Hrsg.): Durchblick, GSW Erdkunde 7/8, 1. Auflage, Braunschweig, Westermann Druck GmbH

Internetquellen:

- Schalenaufbau
  http://www.wdr.de.varnish.gl-systemhaus.de/tv/quarks/sendungsbeitraege/2002/0514/003_reise.jsp?smonat=2009-12

- Schalenaufbau
  http://www.geologieinfo.de/geologie/schalenaufbau.html

- Vorkommen von Vulkanen
  http://www.bakip-linz.at/Vulkanismus/verteilung_vulkane.htm

- Schildvulkane
  http://www.vulkane-infos.de/vulkantypen/schildvulkane.html

- Schichtvulkane
  http://www.uni-protokolle.de/Lexikon/Schichtvulkan.html

- Maare
  http://www.wissen.de/wde/generator/wissen/services/print,page=3227876,node=559072.html

- Calderen
  http://www.vulkane-infos.de/vulkantypen/calderavulkane.html

- Namensgebung
  http://www.bimez.at/uploads/zusatzmaterialien/4650439/beiblatt_yellowstone.pdf

- Ursachen für den Vulkanismus
  http://www.spiegel.de/wissenschaft/natur/0,1518,384847,00.html

- Anzeichen für einen künftigen Ausbruch des Yellowstone
  http://www.weltbildung.com/yellowstone-vulkan-ausbruch.htm

- Anzeichen für einen künftigen Ausbruch des Yellowstone
  http://www.spiegel.de/wissenschaft/natur/0,1518,384847,00.html

- Globale Folgen
  http://www.spiegel.de/wissenschaft/natur/0,1518,384847,00.html

- Reflexion
  http://www.zit.at/thema/natur.html

Abbildungsverzeichnis:

- Deckblatt:
  http://fotowettbewerb.hispeed.ch/original/426967/auf_dem_strombol.jpg

- Abbildung 1:
  H.-U. Schmincke (2000): Vulkanismus. Darmstadt: Wissenschaftliche Buchgesellschaft, S.17

- Abbildung 2:
  http://frb.at/vulkane/web_vulkan/karte1.JPG

- Abbildung 3:
  http://www.cnsm.csulb.edu/departments/geology/people/bperry/IgneousRocksTour/MaunaLoaGriggsUSGS.jpg

- Abbildung 4:
  http://www.geo-reisecommunity.de/bild/regular/120303/Vorbeiflug-am-AEtna-Maerz-2008.jpg

- Abbildung 5:
  http://www.wandelaarswelkom.info/fileadmin/wanderwunder/impressionen/eifelsteig/Maar.jpg

- Abbildung 6:
  http://www.palmuc.de/sammlung_geologie/seiten/museum/geoforum/biegenbrechen/Caldera.gif

- Abbildung 7:
  http://images.google.de/imgres?imgurl=http://www.wissen-im-netz.info/freizeit/reisen/yellowstone/images/Karte,%2520Yellowstone-Oekosystem.jpg&imgrefurl=http://www.wissen-im-netz.info/freizeit/reisen/yellowstone/oekosystem/index.htm&usg=__CyW3uF9PO2Hipa6FwKFwrPidBJQ=&h=640&w=428&sz=28&hl=de&start=2&um=1&itbs=1&tbnid=svxsi6GKwmq8lM:&tbnh=137&tbnw=92&prev=/images%3Fq%3Dyellowstone%2Bnationalpark%2Bkarte%26um%3D1%26hl%3Dde%26sa%3DN%26tbs%3Disch:1

- Abbildung 8:
  http://www.oekosystem-erde.de/assets/images/Yellowstone.jpg

- Abbildung 9:
  Chandler, Skye (2007). Ausbruch eines Supervulkans. USA: N24

- Abbildung 10:
  Chandler, Skye (2007). Ausbruch eines Supervulkans. USA: N24

- Abbildung 11:
  http://www.destination360.com/north-america/us/wyoming/images/s/wyoming-old-faithful.jpg

- Abbildung 12:
  Chandler, Skye (2007). Ausbruch eines Supervulkans. USA: N24

- Abbildung 13:
  Chandler, Skye (2007). Ausbruch eines Supervulkans. USA: N24

Filmquellen

Chandler, Skye (2007). Ausbruch eines Supervulkans. USA: N24